Farzad Rezavandzayeri

Prevenção da criminalidade através da conceção ambiental em instalações desportivas

Farzad Rezavandzayeri

Prevenção da criminalidade através da conceção ambiental em instalações desportivas

ScienciaScripts

Imprint
Any brand names and product names mentioned in this book are subject to trademark, brand or patent protection and are trademarks or registered trademarks of their respective holders. The use of brand names, product names, common names, trade names, product descriptions etc. even without a particular marking in this work is in no way to be construed to mean that such names may be regarded as unrestricted in respect of trademark and brand protection legislation and could thus be used by anyone.

Cover image: www.ingimage.com

This book is a translation from the original published under ISBN 978-620-7-81130-4.

Publisher:
Sciencia Scripts
is a trademark of
Dodo Books Indian Ocean Ltd. and OmniScriptum S.R.L publishing group

120 High Road, East Finchley, London, N2 9ED, United Kingdom
Str. Armeneasca 28/1, office 1, Chisinau MD-2012, Republic of Moldova, Europe
Printed at: see last page
ISBN: 978-620-8-13771-7

Índice

Prevenção da criminalidade através da conceção ambiental em instalações desportivas

Este livro procura examinar os factores ambientais que influenciam a segurança das instalações desportivas utilizando o modelo CPTED e determinar o estado dos estádios de acordo com este modelo.

O nome desporto está sempre associado à saúde e ao bem-estar, e o que é necessário para o desporto é um ambiente saudável, limpo e sem poluentes. Por conseguinte, os aspectos da saúde, do bem-estar, dos serviços e da educação devem ser tidos em conta na construção e no equipamento das instalações desportivas. As instalações desportivas criam oportunidades adequadas para o crescimento emocional, cognitivo, percetivo e social de diferentes grupos sociais. Criar um local seguro para os utilizadores das instalações desportivas é uma das tarefas mais importantes dos gestores destas instalações. A localização é uma das considerações de planeamento mais importantes para qualquer instalação desportiva. Mesmo um complexo desportivo de elevada qualidade fracassará se as pessoas não o utilizarem, não conhecerem a sua localização e não se deslocarem até ele. A segurança das instalações desportivas e a criação de ordem e segurança nos estádios aquando da realização de competições é uma das preocupações mais importantes dos diretores desportivos no mundo de hoje, uma vez que o sentimento de segurança e a satisfação dos espectadores são a fonte de receitas mais importante e significativa para os clubes e equipas desportivas. A criação de um ambiente pacífico e seguro conduzirá a um aumento do número de espectadores.

As instalações desportivas são a base para a realização de actividades desportivas e a sua qualidade pode ter um impacto direto no desempenho dos exercícios e das competições desportivas. A conceção, a construção e o equipamento de instalações e campos desportivos desperdiçam tempo, energia e orçamento, o que pode ter um efeito negativo no desempenho futuro, especialmente em programas desportivos e de recreação saudável. Os estádios desportivos construídos de forma tradicional tinham poucas instalações e a capacidade de espectadores era inferior a 100 pessoas, o que abrangia a maioria das comunidades pequenas e limitadas, uma vez que estes estádios se situavam perto de locais religiosos, salões, cidades ou lojas. Com o desenvolvimento das sociedades, as pessoas tinham de percorrer longas distâncias para assistir ao seu desporto favorito. Neste caso, os estádios tornaram-se maiores e a sua capacidade aumentou para acolher mais espectadores. Os diretores do estádio tiveram problemas em controlar a grande multidão que vinha de longe, porque ninguém, nem as autarquias locais, nem a polícia de choque, nem o gestor do estádio, estava bem preparado para o efeito. Pensamos sempre nesta questão como um problema moderno, mas este problema remonta a décadas.

A gestão de multidões tem-se baseado em tentativas e erros, e muitos erros têm sido cometidos nesta área, mas eventualmente chegaremos a um método correto e baseado em princípios que pode ser muito eficaz na conceção e gestão de estádios. Foram discutidas soluções para a conceção do estádio, mas a única questão que continua a surgir é a localização do estádio. Isto significa que devemos deslocar a maioria dos estádios para fora do centro da cidade ou construí-los na periferia da cidade. Além disso, as organizações desportivas, em colaboração com a polícia e outras forças de segurança, equipam os estádios e pavilhões desportivos contra possíveis acontecimentos catastróficos e anormais, através de um planeamento e esforço constantes e gastando dinheiro. De acordo com esta descrição, os estádios e pavilhões desportivos não estão totalmente seguros durante as competições e muitos atletas e treinadores entram nos pavilhões desportivos com medo. Este problema tem um impacto negativo no desempenho das equipas desportivas e o número de lesões desportivas também está a aumentar. É óbvio que a avaliação e o controlo dos casos perigosos aumentarão a sensação de conforto e vitalidade e a segurança dos espectadores nos pavilhões desportivos, e a participação dos atletas e a receção dos espectadores nas competições serão melhoradas a todos os níveis com o aumento da segurança. No entanto, os infractores abusam da lei para prejudicar o desporto e poluir o ambiente desportivo. Por conseguinte, o objetivo mais importante dos gestores e responsáveis desportivos é avaliar as questões de segurança e atualizar a formação em segurança para todos os ambientes desportivos. Um programa de formação em matéria de segurança para o pessoal do recinto desportivo pode ser um programa de formação de base, um programa de formação suplementar a um programa de formação existente e uma ferramenta de rastreio para o pessoal do recinto desportivo.

Por outro lado, é importante prestar atenção aos percursos internos do estádio que conduzem às zonas de espectadores para evitar conflitos, porque antes do início das competições podem ocorrer muitos conflitos nos percursos destinados ao acesso dos veículos que transportam os atletas. Para ter acesso ao complexo desportivo, as duas equipas devem também estar entre os locais que podem ser controlados pelo comandante da polícia do estádio. Cuidar dos atletas antes, durante e depois do evento aumenta a credibilidade do organizador, especialmente se a competição for transmitida por vídeo para outras partes do mundo. O local onde os espectadores estão sentados e o seu ângulo de visão em relação ao campo, bem como o respeito pelo facto de todos os espectadores deverem ter espaço para assistir à competição durante o evento e de a presença das forças de segurança no estádio não constituir um problema para a sua visão periférica. Esta proposta está em conformidade com a proposta da FIFA.

Otimizar a segurança é uma das expectativas mais importantes de uma boa vida na cidade. Segurança significa ausência de perigo, ameaça, dano, medo ou a presença de paz, segurança, conforto e confiança. A necessidade de segurança sempre foi uma das necessidades básicas do ser humano, atrás apenas das necessidades físicas e biológicas, de acordo com a classificação de Maslow. E se esta necessidade não for parcialmente satisfeita, as necessidades humanas mais elevadas, como a necessidade de amor e a necessidade de respeito, permanecem relativamente insatisfeitas e as pessoas são impedidas de atingir a sua necessidade mais elevada, a auto-realização. A segurança consiste em três níveis essenciais e completos, nomeadamente: segurança individual, segurança social e segurança nacional. Alguns investigadores são da opinião de que, tal como existe uma diferença entre medo e perigo, também deveria existir uma diferença entre o sentimento de segurança e de proteção. Isto porque o elevado número de crimes nas zonas urbanas indica um baixo nível de segurança. No entanto, não se pode concluir que o sentimento de segurança é baixo nestes espaços. Vários factores económicos, sociais, culturais e ambientais ao nível da sociedade provocam o aparecimento de comportamentos não convencionais, que têm relações de causa e efeito e se apresentam a três níveis: macro, médio e micro. Estes factores, ao nível micro, incluem factores que são eficazes na criação de comportamentos criminosos em áreas urbanas, entre os quais os mais importantes são os factores ambientais.

De acordo com os resultados, conclui-se que a utilização de uma força policial por cada 50 espectadores e a distribuição adequada das forças policiais podem ser eficazes para fazer avançar os objectivos de segurança dos comandantes e das forças policiais, bem como para realizar os jogos da melhor forma possível. O sentimento de segurança e de satisfação dos espectadores, que são a principal e mais importante fonte de rendimento dos clubes e equipas desportivas, é conseguido através da criação de um ambiente calmo e seguro. Consequentemente, o seu número aumentará.

O que é o CPTED?

CPTED significa "Crime Prevention Through Environmental Design" (Prevenção da Criminalidade através da Conceção Ambiental). Trata-se de uma abordagem multidisciplinar para dissuadir o comportamento criminoso através da conceção ambiental. A premissa central do CPTED é que a conceção adequada e a utilização eficaz do ambiente construído podem conduzir a uma redução da incidência e do medo do crime, melhorando assim a qualidade de vida.

Uma das abordagens mais recentes e mais práticas no domínio da segurança é a abordagem de prevenção da criminalidade através da conceção ambiental (CPTED). Com base em estudos e inquéritos realizados no domínio dos estudos de segurança ambiental em espaços urbanos, a abordagem CPTED, que se baseia na prevenção de crimes com base em princípios de conceção, pode ser utilizada de forma óptima em ambientes urbanos. A teoria CPTED baseia-se na afirmação de que, com uma conceção adequada e uma aplicação prática do ambiente, e melhorando a qualidade do ambiente de vida, o crime pode ser evitado e o medo do crime pode ser ultrapassado.

Uma das condições para que as pessoas estejam presentes nos espaços públicos é garantir o seu sentimento de segurança. As anomalias físicas são um dos factores que afectam a redução do sentimento de segurança dos utilizadores nos espaços públicos. O nível de segurança na sociedade é determinado com base em três indicadores principais: ausência de assédio visual, ausência de assédio verbal e ausência de assédio físico. O principal objetivo da gestão de instalações desportivas é um investimento abrangente e uma atenção especial dos diretores executivos na segurança das instalações e espaços desportivos e na educação das pessoas sobre questões de segurança, a fim de estabelecer a segurança e aumentar a segurança nas

competições desportivas. Os diretores desportivos, especialmente os responsáveis pela proteção e segurança, devem utilizar normas e indicadores para determinar as prioridades de segurança com base na sua importância particular nos estádios e avaliar cuidadosamente a forma de estabelecer a segurança e o bem-estar em cada jogo. A previsão de acontecimentos iminentes e a tentativa de alterar o status quo são cruciais para alcançar a situação desejada através do cumprimento das normas e da segurança das instalações desportivas.
Pode dizer-se que a teoria CPTED é uma nova abordagem que tem uma longa história. Esta teoria é um produto dos anos 60 e seguintes nos Estados Unidos. Talvez nunca se tenha abordado tanto o impacto do ambiente construído na criminalidade. Foi depois desta década que, devido ao trabalho de Jane Jacobs na vida e morte das grandes cidades americanas, de Schelmo Angel na prevenção do crime através do desenho urbano, de Elizabeth Wood com o livro "Social aspects of housing in urban development", esta teoria e a relação entre ambiente e crime se tornaram mais evidentes. A criminalidade pode ser definida através da conceção ambiental como "conceção adequada e utilização eficaz do espaço e do ambiente, que reduz as oportunidades criminosas, aumenta o medo do crime e melhora a qualidade de vida". Esta teoria baseia-se na ideia de que o comportamento humano no ambiente é influenciado pela conceção desse mesmo ambiente, o que sublinha que, através da otimização das oportunidades do observador, de uma definição clara do território e da criação de uma imagem positiva do ambiente, se pode evitar que os criminosos cometam um crime.

A teoria CPTED tem três gerações. Esta teoria tem evoluído ao longo dos anos para incluir a evolução desta abordagem, incluindo a primeira geração CPTED de 1960 a 1970, centrada em modificações ambientais físicas para alcançar a segurança. A segunda geração, a partir de 1980, começou com a crítica da primeira geração pela sua atenção absoluta à reforma física e sugeriu a utilização de aspectos psicológicos e sociais como um dos principais pilares da segurança. De facto, dado que a abordagem CPTED se centrava principalmente nas modificações físicas do ambiente artificial e prestava menos atenção aos aspectos psicológicos e sociais do ambiente. Em 1980, um grupo de pensadores criticou o que os teóricos do CPTED acreditavam até então basear-se na sua falta de atenção à teoria de Jacobs dos "olhos que observam a rua" e baseou este princípio em aspectos psicológicos. E o ambiente social foi objeto de uma atenção especial. A terceira geração tem sido proposta desde 2000 com um modelo multilateral de expansão da segurança para manter a segurança nas zonas residenciais. No processo de planeamento e conceção do CPTED, a participação dos grupos vulneráveis da sociedade está relacionada com o conceito da segunda geração do CPTED, que inclui a dimensão social do CPTED. Alguns debates têm rodeado a dimensão social do CPTED, como a participação, porque as provas empíricas ainda não demonstraram que esta reduz a criminalidade. Por último, devido à importância da segurança em instalações desportivas como os estádios, bem como à sua construção de base, foi utilizada a primeira geração desta abordagem. Este caso tem sido estudado no domínio do planeamento urbano e do seu impacto na segurança, mas é pioneiro no domínio do desporto.

Princípios fundamentais do CPTED:

Vigilância natural:

Objetivo: Aumentar a visibilidade para dissuadir a criminalidade.

Implementação: Projetar elementos como janelas, iluminação e paisagismo para maximizar a visibilidade. Por exemplo, colocar janelas com vista para os passeios e parques de estacionamento ou utilizar iluminação pública adequada.

Reforço territorial:

Objetivo: Promover um sentimento de propriedade e de territorialidade entre os residentes e os utilizadores.

Implementação: Utilização de projectos físicos, como vedações, sinalização e paisagismo, para definir espaços públicos, semi-públicos e privados. Isto pode incluir caraterísticas como limites de propriedade claramente marcados e instalações bem conservadas.

Controlo de acesso natural:

Objetivo: Diminuir as oportunidades de crime através da orientação das pessoas no espaço.

Implementação: Colocação estratégica de entradas, saídas, vedações, iluminação e paisagem para controlar o fluxo de pessoas e reduzir o acesso a potenciais alvos. Os exemplos incluem a utilização de portões fechados, arbustos espinhosos e pontos de entrada controlados.

Manutenção:

Objetivo: Assegurar que o ambiente é bem conservado para sinalizar que o espaço é monitorizado e cuidado.

Execução: Manutenção regular dos edifícios, da paisagem e das infra-estruturas para evitar a deterioração e o vandalismo. Isto inclui a remoção imediata de graffiti, a reparação de janelas partidas e a manutenção da paisagem.

Apoio à atividade:

Objetivo: Incentivar a atividade legítima nos espaços públicos para aumentar a vigilância natural e reduzir as oportunidades de crime.

Implementação: Conceber áreas para apoiar actividades comunitárias, tais como parques, praças e centros comunitários, que atraiam pessoas e promovam uma interação social positiva.

Aplicações do CPTED:

Os princípios CPTED podem ser aplicados em vários contextos, nomeadamente

Zonas residenciais: Projetar bairros com linhas de visão claras, boa iluminação e espaços públicos e privados bem definidos.

Áreas Comerciais: Criar centros comerciais com boa visibilidade, pontos de acesso controlados e utilização ativa dos espaços.

Espaços públicos: Desenvolver parques e áreas recreativas com vistas abertas, vigilância natural e espaços que incentivem o envolvimento da comunidade.

Instituições de ensino: Conceção de campus com colocação estratégica de edifícios, iluminação e caminhos para garantir a segurança.

Instalações desportivas: Conceção básica de estádios e outros ambientes desportivos, manutenção de espaços desportivos para aumentar a qualidade de vida dos atletas.

Benefícios do CPTED:

Redução dos índices de criminalidade.

Diminuição do medo do crime entre os membros da comunidade.

Melhoria da qualidade de vida através de ambientes mais seguros e convidativos.

Aumento do valor das propriedades devido à atratividade e segurança de espaços bem concebidos.

O CPTED é uma abordagem proactiva e colaborativa, que envolve frequentemente a aplicação da lei, urbanistas, arquitectos, membros da comunidade e governos locais que trabalham em conjunto para criar comunidades mais seguras.

A história do CPTED

A Prevenção do Crime através da Conceção Ambiental (CPTED) surgiu como um conceito no início da década de 1970, impulsionado por um reconhecimento crescente de que os métodos tradicionais de aplicação da lei, por si só, eram insuficientes para combater o crime de forma eficaz. As raízes do CPTED remontam ao trabalho de urbanistas, arquitectos e criminologistas que procuraram compreender como o design e a disposição dos ambientes físicos poderiam influenciar o comportamento humano e contribuir para a prevenção do crime.

Um dos primeiros defensores do CPTED foi o urbanista Oscar Newman, que introduziu o conceito de "espaço defensável" no seu livro de 1972 intitulado "Defensible Space: Crime Prevention Through Urban Design". Newman argumentou que, ao conceber ambientes residenciais de forma a promover um sentimento de territorialidade entre os residentes - como através da utilização de limites de propriedade claramente definidos, paisagismo e caraterísticas arquitectónicas - o crime poderia ser dissuadido. A ideia era que, quando os residentes sentiam um sentimento de propriedade e responsabilidade pelo que os rodeava, era mais provável que monitorizassem e protegessem ativamente os seus bairros contra a atividade criminosa.

Na mesma altura, o criminologista C. Ray Jeffery desenvolveu estas ideias com a sua investigação sobre "territorialidade" e o papel da conceção ambiental na prevenção do crime. Jeffery enfatizou a importância da vigilância natural, que envolve a conceção de ambientes de forma a maximizar a visibilidade e minimizar as oportunidades para os criminosos esconderem as suas actividades. Isto pode incluir a colocação de janelas com vista para os espaços públicos, a garantia de uma iluminação adequada e a remoção ou corte de vegetação que possa servir de esconderijo.

À medida que o conceito de CPTED foi ganhando força, evoluiu para uma abordagem multidisciplinar que integrava princípios de planeamento urbano, arquitetura, psicologia ambiental e aplicação da lei. O foco passou a ser a conceção de ambientes que não só desencorajassem o comportamento criminoso, mas também promovessem a coesão da comunidade, a interação social e a qualidade de vida.

Ao longo das décadas, o CPTED tem sido aplicado em vários contextos e cenários, incluindo bairros residenciais, distritos comerciais, escolas, parques e centros de transporte. Os seus princípios foram adaptados e aperfeiçoados para responder a diferentes tipos de crime e às necessidades específicas de diversas comunidades em todo o mundo. Hoje em dia, o CPTED continua a ser uma estrutura valiosa para urbanistas, arquitectos, agências de aplicação da lei e partes interessadas da comunidade que procuram criar ambientes mais seguros e habitáveis através de uma conceção cuidadosa e de um planeamento estratégico.

O CPTED, ou Prevenção do Crime através da Conceção Ambiental, é uma abordagem abrangente à conceção do ambiente construído para dissuadir o comportamento criminoso e aumentar a segurança geral. A sua evolução ao longo das décadas tem sido moldada por figuras-chave e desenvolvimentos significativos no planeamento urbano, arquitetura e criminologia.

Primeiros desenvolvimentos e fundamentos teóricos

As bases do CPTED foram lançadas em meados do século XX com os contributos de sociólogos e urbanistas que observaram a relação entre a conceção ambiental e a criminalidade. Em 1961, o influente livro de Jane Jacobs, "The Death and Life of Great American Cities", salientou a importância dos "olhos na rua" para a vigilância natural, argumentando que os bairros de utilização mista com uma vida de rua ativa poderiam dissuadir o crime.

Espaço defensável e Oscar Newman

O conceito de "espaço defensável" de Oscar Newman desenvolveu ainda mais estas ideias. No seu livro seminal de 1972, Newman introduziu princípios como a territorialidade, a vigilância natural, a imagem e o ambiente. Propôs que áreas residenciais bem concebidas poderiam aumentar o sentido de propriedade e responsabilidade dos residentes, reduzindo assim a criminalidade. A sua investigação demonstrou que os projectos de habitação pública em edifícios altos, com uma conceção e manutenção deficientes, apresentavam taxas de criminalidade mais elevadas do que os projectos bem concebidos, em edifícios baixos, com limites claros e espaços comuns partilhados.

Contribuições de C. Ray Jeffery

C. Ray Jeffery, outro pioneiro do CPTED, expandiu as ideias de Newman com o seu próprio trabalho em criminologia ambiental. No seu livro de 1971 "Crime Prevention Through Environmental Design", Jeffery introduziu um quadro teórico mais alargado que incluía aspectos biológicos, psicológicos e sociais do comportamento humano. Ele enfatizou que o design ambiental poderia influenciar o comportamento, alterando as oportunidades e motivações para o crime.

Evolução e expansão nas décadas de 1980 e 1990

Nas décadas de 1980 e 1990, os princípios CPTED foram sendo cada vez mais adoptados por urbanistas, agências de aplicação da lei e decisores políticos. A abordagem expandiu-se para além das áreas residenciais, incluindo espaços comerciais, escolas, parques e sistemas de transportes públicos. Surgiu o conceito de "CPTED de segunda geração", que incorpora estratégias sociais e comunitárias para complementar as medidas de conceção física.

Integração em quadros políticos e de planeamento mais vastos

O CPTED começou a ser integrado em quadros políticos e de planeamento urbano mais amplos. Cidades de todo o mundo começaram a incorporar os princípios CPTED em leis de zonamento, códigos de construção e diretrizes de desenho urbano. Este período assistiu também ao desenvolvimento de diretrizes CPTED detalhadas e de melhores práticas por organizações como a Associação Internacional CPTED (ICA), criada em 1996, que promoveu a aplicação dos princípios CPTED a nível mundial.

Avanços tecnológicos e aplicações modernas

O século XXI assistiu à integração dos avanços tecnológicos com os princípios CPTED. A utilização de CCTV, de tecnologias de iluminação melhoradas e de aplicações para cidades inteligentes aumentou a eficácia da vigilância natural e do controlo de acesso. O CPTED moderno também enfatiza o envolvimento da comunidade, incentivando os residentes a assumirem um papel ativo na manutenção e segurança dos seus ambientes.

Adoção e Adaptação Global

O CPTED foi adotado e adaptado em todo o mundo, com os países a adaptarem os seus princípios aos seus contextos culturais, sociais e ambientais únicos. Por exemplo, nos Países Baixos, o programa "Secured by Design" integra os princípios CPTED nos projectos de desenvolvimento urbano. Do mesmo modo, na Austrália, as "Safer Design Guidelines for Victoria" fornecem um quadro para a incorporação do CPTED no planeamento e desenvolvimento urbanos.

Desafios contemporâneos e direcções futuras

O CPTED contemporâneo enfrenta desafios como a urbanização, as mudanças tecnológicas e a evolução dos padrões de criminalidade. As direcções futuras para o CPTED envolvem a integração de princípios com objectivos de desenvolvimento sustentável, a abordagem de questões de equidade e inclusão social e o aproveitamento de tecnologias emergentes, como a inteligência artificial e a análise de grandes volumes de dados, para o policiamento preditivo e a conceção urbana melhorada.

O que é a conceção ambiental?

O design ambiental é um campo de estudo e prática centrado na criação de ambientes construídos que sejam sustentáveis, funcionais, esteticamente agradáveis e harmoniosos com a sua envolvente natural. Engloba uma vasta gama de disciplinas, incluindo arquitetura, planeamento urbano, arquitetura paisagística e design de interiores. O principal objetivo do design ambiental é melhorar a qualidade de vida dos indivíduos e das comunidades, minimizando os impactos negativos no ambiente.

Princípios fundamentais da conceção ambiental:

Sustentabilidade:

Eficiência energética: Incorporar sistemas energeticamente eficientes e fontes de energia renováveis (como painéis solares e turbinas eólicas) para reduzir a pegada ambiental.

Conservação de recursos: Utilização de materiais sustentáveis, redução de resíduos e promoção da reciclagem e reutilização nos processos de conceção e construção.

Integração com a Natureza:

Espaços verdes: Incorporar elementos naturais como parques, jardins, telhados verdes e jardins verticais para melhorar a qualidade do ar, reduzir as ilhas de calor urbanas e proporcionar benefícios estéticos e recreativos.

Biodiversidade: Conceber paisagens e edifícios que apoiem a vida selvagem local e promovam a biodiversidade.

Design centrado no ser humano:

Ergonomia e conforto: Criar espaços que sejam confortáveis, acessíveis e propícios ao bem-estar dos utilizadores.

Saúde e bem-estar: Garantir a boa qualidade do ar interior, a iluminação natural e a ventilação para promover a saúde dos ocupantes.

Funcionalidade e usabilidade:

Flexibilidade: Conceber espaços que se possam adaptar a diferentes utilizações e a necessidades variáveis ao longo do tempo.

Acessibilidade: Assegurar que os espaços são acessíveis a todos os indivíduos, incluindo os portadores de deficiência, através de princípios de conceção universal.

Estética e apelo visual:

Harmonia de design: Criar ambientes visualmente agradáveis que se harmonizem com o contexto cultural, histórico e natural da área.

Elementos artísticos: Incorporação de elementos artísticos e culturais para enriquecer a experiência visual e cultural do espaço.

Comunidade e interação social:

Espaços públicos: Conceber espaços públicos que incentivem a interação social, as actividades comunitárias e o envolvimento cívico.

Sensibilidade cultural: Respeitar e refletir na conceção o contexto cultural e histórico da zona.

Inovação e tecnologia:

Conceção inteligente: Utilização de tecnologias avançadas como redes inteligentes, sensores e análise de dados para melhorar a eficiência e a capacidade de resposta dos ambientes construídos.

Inovação sustentável: Integração de tecnologias e práticas sustentáveis de ponta para ultrapassar os limites da conceção ambiental.

Aplicações do design ambiental:

Planeamento urbano: Conceber cidades e comunidades para serem sustentáveis, resilientes e habitáveis, com sistemas de transporte eficientes, espaços verdes e infra-estruturas integradas.

Arquitetura: Criação de edifícios eficientes do ponto de vista energético, esteticamente agradáveis e funcionais, com ênfase na redução do seu impacto ambiental.

Arquitetura paisagista: Conceber espaços exteriores que sejam simultaneamente bonitos e benéficos para o ambiente, tais como parques, jardins e telhados verdes.

Design de interiores: Criação de espaços interiores que melhoram o bem-estar e a produtividade dos ocupantes através de um design cuidado e de escolhas de materiais.

Benefícios da conceção ambiental:

Proteção do ambiente: Reduzir a poluição, conservar os recursos e proteger os ecossistemas através de práticas de conceção sustentáveis.

Eficiência económica: Reduzir os custos operacionais através da eficiência energética e da conservação dos recursos e aumentar o valor das propriedades através de concepções atractivas e funcionais.

Melhoria da qualidade de vida: Melhorar a saúde, o bem-estar e a satisfação dos indivíduos e das comunidades através de uma conceção cuidada e centrada no ser humano.

Resiliência: Criar ambientes que possam resistir e adaptar-se às mudanças e desafios ambientais, sociais e económicos.

Em resumo, o design ambiental é uma abordagem holística para a criação de espaços que sejam não só funcionais e bonitos, mas também sustentáveis e harmoniosos com os seus contextos naturais e sociais. Procura melhorar a interação entre as pessoas e os seus ambientes, contribuindo, em última análise, para um mundo mais sustentável e equitativo.

Gestão de instalações desportivas

A gestão de instalações desportivas envolve a supervisão e administração abrangentes de recintos desportivos, tais como estádios, arenas, ginásios e centros recreativos, garantindo o seu funcionamento eficiente, seguro e sustentável. Esta área engloba um vasto leque de responsabilidades, incluindo a manutenção da infraestrutura física, a programação e coordenação de eventos e a garantia do cumprimento dos regulamentos e normas de segurança. Uma gestão eficaz das instalações desportivas inclui também a gestão do orçamento, a supervisão do pessoal e o serviço ao cliente para melhorar a experiência dos atletas, espectadores e outros utilizadores. Os gestores devem equilibrar as necessidades das diferentes partes interessadas, desde equipas desportivas profissionais e organizadores de eventos a grupos comunitários e utilizadores individuais, assegurando que as instalações são acessíveis, bem conservadas e equipadas com as comodidades necessárias. Além disso, a função requer um planeamento estratégico para otimizar a utilização e a rentabilidade das instalações, incorporando aspectos como o marketing, o patrocínio e o envolvimento da comunidade. As tecnologias avançadas, como o software de gestão de instalações, os sistemas de eficiência energética e as soluções de segurança, são cada vez mais integradas para aumentar a eficiência operacional e a satisfação dos utilizadores. De um modo geral, a gestão de instalações desportivas desempenha um papel crucial no bom funcionamento dos recintos desportivos, contribuindo para o desenvolvimento do desporto e da recreação, tanto a nível profissional como de base.

A gestão de instalações desportivas é uma disciplina dinâmica e multifacetada que ultrapassa o mero funcionamento dos recintos físicos. Envolve planeamento estratégico, atribuição eficiente de recursos e uma compreensão profunda das necessidades dos diversos grupos de utilizadores. Um dos aspectos fundamentais é a manutenção das instalações, que inclui inspecções regulares, reparações e actualizações para garantir a segurança e a funcionalidade. Isto engloba tudo, desde a integridade estrutural dos edifícios ao estado das superfícies de jogo e à funcionalidade das comodidades, como a iluminação, os assentos e as casas de banho.

Outra componente crítica é a gestão de eventos. Esta componente envolve a coordenação de horários, a gestão de reservas e a garantia de que os eventos decorrem sem problemas. Requer um planeamento meticuloso e uma coordenação com várias partes interessadas, incluindo organizadores de eventos, equipas, artistas e prestadores de serviços. Uma gestão de eventos eficaz garante que as instalações são utilizadas em todo o seu potencial, maximizando as receitas e proporcionando uma experiência de elevada qualidade aos participantes. A segurança e a proteção são fundamentais na gestão de instalações desportivas. Isto inclui a implementação e manutenção de protocolos de segurança, a realização de exercícios regulares e a garantia de conformidade com os regulamentos locais e as normas do sector. As medidas de segurança podem envolver sistemas de vigilância, controlo de acesso, estratégias de gestão de multidões e planos de resposta a emergências para proteger os espectadores, os participantes e o pessoal.

A gestão financeira é também um aspeto fundamental, envolvendo a elaboração de orçamentos, previsões e relatórios financeiros. Os gestores devem garantir que as instalações funcionam dentro dos seus meios financeiros, procurando simultaneamente oportunidades de gerar receitas através de patrocínios, publicidade e parcerias. Uma gestão financeira eficaz ajuda a manter as instalações e a investir em melhorias e inovações. O serviço ao cliente é outra área vital, uma vez que a satisfação dos utilizadores tem um impacto direto na reputação e no sucesso da instalação. Para tal, é necessário garantir que o pessoal tenha uma boa formação e que as instalações sejam acolhedoras e acessíveis. Os mecanismos de feedback podem ajudar os gestores a compreender e a responder às necessidades e preocupações dos utilizadores, promovendo um ambiente positivo. Para além destes aspectos operacionais, os gestores de instalações desportivas devem manter-se a par das tendências e dos avanços da indústria. Isto inclui a adoção de novas tecnologias, tais como sistemas avançados de reservas, soluções energeticamente eficientes e experiências interactivas para os adeptos. A sustentabilidade ambiental também é cada vez mais importante, com muitas instalações a implementarem práticas ecológicas como programas de reciclagem, medidas de conservação de água e a utilização de fontes de energia renováveis.

Além disso, a gestão de instalações desportivas envolve frequentemente uma componente de envolvimento da comunidade. As instalações podem desempenhar um papel crucial na promoção da saúde e do bem-estar, proporcionando espaços para actividades recreativas e acolhendo eventos comunitários. Para tal, é necessário estabelecer relações fortes com organizações locais, escolas e residentes para garantir que as instalações servem eficazmente a comunidade em geral. De um modo geral, a gestão de instalações desportivas é um domínio complexo e em evolução que exige uma combinação de conhecimentos técnicos, pensamento estratégico e competências interpessoais. Ao gerirem eficazmente os recursos, melhorarem as experiências dos utilizadores e promoverem o envolvimento da comunidade, os gestores de instalações desportivas desempenham um papel crucial no sucesso e na sustentabilidade dos espaços desportivos e recreativos.

Uma gestão adequada melhora significativamente a segurança nos recintos desportivos, implementando estratégias e protocolos abrangentes que protegem os espectadores, os atletas e o pessoal. Uma gestão eficaz da segurança envolve vários componentes-chave:

Avaliação e planeamento dos riscos:

A gestão adequada começa com uma avaliação e um planeamento minuciosos dos riscos. Isto envolve a identificação de potenciais ameaças, vulnerabilidades e a probabilidade de vários incidentes de segurança. Os gestores desenvolvem planos de segurança detalhados que incluem medidas preventivas, estratégias de resposta e protocolos de recuperação. Ao antecipar potenciais riscos, a direção pode implementar medidas de segurança adequadas para os mitigar.

Controlo de acesso:

Uma gestão eficaz garante a existência de mecanismos sólidos de controlo do acesso. Isto inclui a segurança dos pontos de entrada e saída, a utilização de sistemas de emissão de bilhetes que verifiquem os participantes e a contratação de pessoal de segurança para monitorizar o acesso. Tecnologias avançadas, tais como scanners biométricos, etiquetas RFID e torniquetes automatizados, podem melhorar ainda mais o controlo de acesso, impedindo a entrada não autorizada e assegurando que apenas estão presentes espectadores e funcionários legítimos.

Sistemas de vigilância:

Uma gestão adequada integra sistemas de vigilância sofisticados, incluindo câmaras CCTV, detectores de movimento e drones, para monitorizar as actividades no recinto. Estes sistemas fornecem monitorização em tempo real e podem ajudar a identificar e responder rapidamente a actividades suspeitas. Os gestores asseguram que a cobertura de vigilância é abrangente e que o pessoal de segurança tem formação para interpretar e atuar com base nos dados recolhidos.

Formação e coordenação do pessoal:

Um recinto desportivo bem gerido tem pessoal de segurança com formação adequada que compreende as suas funções e responsabilidades. Sessões de formação regulares, incluindo simulações de cenários de emergência, ajudam o pessoal a responder eficazmente às ameaças à segurança. A coordenação entre as equipas de segurança, as forças da ordem e os serviços de emergência é essencial para garantir uma resposta unificada e eficiente durante os incidentes.

Gestão de multidões:

Uma gestão adequada implica a implementação de estratégias de gestão de multidões para garantir a segurança e o conforto dos participantes. Isto inclui a conceção do local do evento de modo a facilitar o fluxo de pessoas, a utilização de barreiras para orientar os movimentos e a existência de uma sinalização clara para dar indicações. Durante os eventos, os gestores monitorizam a densidade e o comportamento da multidão, destacando pessoal de segurança adicional ou abrindo pontos de entrada/saída adicionais, se necessário.

Preparação para emergências:

Uma gestão eficaz da segurança inclui a preparação para emergências através de planos de resposta a emergências abrangentes. Estes planos abrangem uma série de cenários, tais como incêndios, emergências médicas e ataques terroristas. Os gestores efectuam simulacros regulares e asseguram que todo o pessoal está familiarizado com os procedimentos de evacuação, os protocolos de comunicação de emergência e a localização do equipamento de emergência.

Sistemas de comunicação:

Uma gestão adequada garante a existência de sistemas de comunicação sólidos para facilitar a coordenação durante incidentes de segurança. Isto inclui sistemas de som, alertas de emergência e redes de comunicação para o pessoal de segurança. Uma comunicação eficaz permite a divulgação atempada de informações e instruções, ajudando a gerir multidões e a coordenar respostas de forma eficiente.

Colaboração com as autoridades:

Uma gestão de segurança bem sucedida implica a colaboração com as forças policiais locais, os serviços de emergência e outras autoridades relevantes. Esta parceria garante que o local tem acesso a recursos e conhecimentos adicionais durante eventos importantes ou emergências. Os gestores revêem e actualizam regularmente os protocolos de segurança, em consulta com estas autoridades, para fazer face a ameaças emergentes e incorporar as melhores práticas.

Avanços tecnológicos:

Uma gestão adequada aproveita os avanços tecnológicos para melhorar as medidas de segurança. Isto inclui a utilização de análises baseadas em IA para detetar comportamentos invulgares, a utilização de drones para vigilância aérea e a integração de medidas de cibersegurança para proteção contra ameaças digitais. Manter-se atualizado com as inovações tecnológicas permite aos gestores implementar soluções de segurança de ponta.

Melhoria contínua:

Uma gestão eficaz implica uma avaliação e melhoria contínua das medidas de segurança. Isto inclui revisões regulares dos protocolos de segurança, incorporando o feedback de eventos anteriores e mantendo-se informado sobre novas ameaças e tendências de segurança. Os gestores utilizam dados de incidentes de segurança para aperfeiçoar as suas estratégias e garantir que as medidas de segurança do local estão sempre a evoluir.

Benefícios de uma gestão adequada da segurança:

Segurança reforçada: Uma gestão adequada reduz significativamente o risco de incidentes de segurança, garantindo a segurança de todos os participantes.

Aumento da confiança: Medidas de segurança eficazes criam confiança entre os espectadores, os atletas e o pessoal, o que leva a uma maior afluência e envolvimento.

Conformidade com os regulamentos: Uma gestão adequada assegura a conformidade com os regulamentos de segurança locais e nacionais, evitando problemas legais e potenciais penalizações.

Mitigação de crises: Planos de segurança bem preparados e pessoal treinado permitem respostas rápidas e eficientes a emergências, minimizando potenciais danos e perturbações.

Reputação positiva: Um forte registo de segurança melhora a reputação do local, atraindo mais eventos e promovendo uma imagem pública positiva.

Em resumo, uma gestão adequada desempenha um papel crucial no reforço da segurança nos recintos desportivos, através da aplicação de medidas abrangentes e proactivas que abordem as potenciais ameaças, garantam respostas eficazes e melhorem continuamente os protocolos de segurança.

Principais impactos do CPTED nas instalações desportivas

A Prevenção da Criminalidade através da Conceção Ambiental (CPTED) melhora significativamente a segurança, a funcionalidade e a experiência geral do utilizador das instalações desportivas. Ao integrar os princípios

CPTED, as instalações desportivas podem dissuadir eficazmente o crime, reduzir o vandalismo e criar um ambiente mais acolhedor para atletas, espectadores e funcionários. Eis os principais efeitos do CPTED nas instalações desportivas:

Melhoria da segurança e proteção:

Vigilância natural: A conceção de instalações desportivas com ampla visibilidade aumenta a probabilidade de os potenciais infractores serem observados, dissuadindo assim as actividades criminosas. Por exemplo, janelas bem colocadas, linhas de visão abertas e câmaras de segurança estrategicamente localizadas podem melhorar a vigilância.

Reforço do território: Limites claramente definidos através de vedações, sinalização e paisagismo podem criar um sentido de propriedade e responsabilidade entre os utilizadores. Isto ajuda a distinguir as áreas públicas das zonas privadas ou restritas, reduzindo o acesso não autorizado.

Controlo de acesso natural: O controlo e a orientação do fluxo de pessoas através de entradas, saídas e caminhos bem concebidos podem reduzir as oportunidades de crime. Portões, torniquetes e pontos de entrada monitorizados ajudam a gerir o movimento de multidões e a impedir o acesso não autorizado.

Manutenção: A manutenção regular das instalações desportivas indica que a área é vigiada e cuidada, desencorajando o vandalismo e outras actividades criminosas. As instalações bem conservadas são menos susceptíveis de serem alvo de delinquentes.

Experiência do utilizador melhorada:

Perceção de segurança: Os utilizadores sentem-se mais seguros em ambientes bem concebidos e mantidos, o que leva a uma maior frequência e participação em eventos e actividades.

Apelo estético: Os princípios CPTED implicam muitas vezes um enquadramento paisagístico atraente e uma conceção cuidada, melhorando o aspeto estético global das instalações desportivas. Isto torna o local mais convidativo e agradável para os visitantes.

Envolvimento da comunidade: As instalações desportivas concebidas de acordo com os princípios CPTED incluem frequentemente espaços que promovem interações sociais positivas, tais como praças, áreas de estar e campos abertos. Estes espaços incentivam o envolvimento da comunidade e as actividades recreativas.

Eficiência operacional:

Redução do vandalismo e dos custos de manutenção: Medidas CPTED eficazes podem levar a uma redução significativa do vandalismo e dos custos de manutenção associados. Ao evitar danos, as instalações podem afetar recursos a outras áreas de melhoria.

Utilização eficiente do espaço: Uma conceção cuidadosa baseada nos princípios CPTED garante que todas as áreas das instalações são utilizadas de forma eficiente e segura. Isto pode levar a uma melhor gestão de multidões e a uma utilização mais eficaz dos espaços para várias actividades e eventos.

Preparação para emergências: As instalações concebidas com linhas de visão claras e caminhos acessíveis melhoram a eficiência das respostas de emergência. A sinalização clara e as zonas bem iluminadas contribuem para uma evacuação e resposta rápidas em caso de emergência.

Benefícios económicos:

Aumento do valor da propriedade: Instalações desportivas bem concebidas e seguras contribuem para aumentar o valor das propriedades nas áreas circundantes. A segurança e a estética melhoradas atraem mais visitantes e eventos, impulsionando as economias locais.

Atração de eventos: As instalações que dão prioridade à segurança e à experiência do utilizador têm mais probabilidades de atrair eventos e torneios desportivos de alto nível. Isto pode levar a um aumento das receitas provenientes da venda de bilhetes, concessões e patrocínios.

Benefícios para os seguros: A redução do risco de crime e vandalismo pode levar a prémios de seguro mais baixos para as instalações desportivas. As seguradoras podem oferecer descontos aos recintos desportivos que implementem medidas CPTED eficazes.

Impacto na comunidade:

Promoção de estilos de vida activos: Instalações desportivas seguras e convidativas incentivam mais pessoas a participar em actividades físicas e desportivas, promovendo estilos de vida mais saudáveis na comunidade.

Coesão social: As instalações que incorporam os princípios CPTED funcionam frequentemente como centros comunitários, promovendo a coesão social e o orgulho da comunidade. Proporcionam espaços para vários eventos comunitários, desportos e actividades recreativas, reforçando os laços comunitários.

Redução da criminalidade: Ao dissuadir as actividades criminosas e ao reforçar a segurança geral da zona, os princípios CPTED contribuem para uma redução mais ampla da criminalidade na comunidade envolvente. Cria-se assim um ambiente mais seguro não só no interior da instalação desportiva, mas também nas suas imediações.

Em resumo, a aplicação dos princípios CPTED nas instalações desportivas conduz a uma maior segurança e proteção, a uma melhor experiência do utilizador, à eficiência operacional, a benefícios económicos e a um impacto positivo na comunidade. Ao conceber e manter cuidadosamente estas instalações, os gestores podem criar ambientes que dissuadam o crime, incentivem estilos de vida activos e promovam um sentido de comunidade.

Quais são os princípios da conceção normalizada dos estádios?

A conceção de um estádio normalizado implica uma abordagem abrangente que equilibre a funcionalidade, a segurança, a estética e a experiência do utilizador. Os princípios da conceção de um estádio normalizado são os seguintes:

1. Segurança e proteção

Integridade estrutural: Assegurar que o estádio é construído com materiais de alta qualidade e engenharia robusta para suportar grandes multidões, condições climatéricas e potenciais emergências.

Saídas de emergência: Conceber várias saídas de emergência claramente assinaladas para facilitar uma evacuação rápida e segura.

Vigilância e controlo do acesso: Implementar medidas de segurança, tais como câmaras CCTV, pontos de entrada controlados e pessoal de segurança com formação para monitorizar e gerir o movimento de multidões.

2. Acessibilidade

Desenho universal: Incorporar caraterísticas que tornem o estádio acessível a pessoas com deficiência, incluindo rampas, elevadores, lugares designados e casas de banho acessíveis.

Transportes públicos e estacionamento: Assegurar que o estádio seja facilmente acessível através de transportes públicos e oferecer um amplo estacionamento, incluindo lugares para pessoas com deficiência.

3. Linhas de visão e experiência de visualização

Vistas desobstruídas: Conceba a disposição dos lugares de modo a proporcionar vistas desobstruídas do campo de jogos ou do palco a partir de cada lugar. Os níveis de assentos com ângulos acentuados podem ajudar a alcançar este objetivo.

Proximidade da ação: Disponha os lugares de modo a garantir que os espectadores estejam o mais próximo possível da ação, melhorando a experiência de visualização.

4. Conforto e comodidades

Conforto dos assentos: Instale assentos confortáveis com espaço adequado para as pernas, apoios para os braços e suportes para copos. Inclua uma variedade de opções de lugares sentados, tais como áreas VIP e zonas para famílias.

Instalações: Disponibilizar casas de banho, bancas de concessão, lojas de artigos de merchandising e postos de primeiros socorros em número suficiente em todo o estádio.

Controlo climático: Elementos de conceção como sombreamento, ventilação e, em alguns casos, sistemas de controlo climático para garantir o conforto dos espectadores independentemente das condições meteorológicas.

5. Acústica e tecnologias audiovisuais

Qualidade do som: Conceber o estádio de modo a melhorar a acústica, garantindo um som nítido para os anúncios, a música e o próprio jogo.

Ecrãs de vídeo: Instalar ecrãs de vídeo de grande dimensão e alta qualidade e sistemas de som para melhorar a experiência dos espectadores com repetições, imagens ao vivo e conteúdos interactivos.

6. Sustentabilidade

Eficiência energética: Incorporar sistemas de iluminação, aquecimento e refrigeração energeticamente eficientes. Considere fontes de energia renováveis, como painéis solares.

Conservação da água: Utilizar instalações eléctricas e sistemas de irrigação que poupem água. Recolher e reutilizar a água da chuva sempre que possível.

Seleção de materiais: Escolher materiais sustentáveis e reciclados para a construção e os acabamentos.

7. Flexibilidade e conceção multiusos

Adaptabilidade: Conceber o estádio de modo a poder acolher vários desportos e eventos, desde futebol e concertos a eventos comunitários. Assentos móveis e elementos de design modular podem aumentar a flexibilidade.

Superfície do campo: Utilizar uma superfície de jogo versátil que possa ser facilmente adaptada ou alterada para se adequar a diferentes tipos de eventos.

8. Estética e arquitetura

Design icónico: Criar uma estrutura visualmente apelativa e icónica que reflicta a cultura e a identidade da área local. O design deve ser distinto e memorável.

Integração com a envolvente: Assegurar que o estádio se integra bem no ambiente circundante, incluindo a consideração da paisagem local, do contexto urbano e das estruturas próximas.

9. Integração tecnológica

Wi-Fi e conetividade: Fornecer conetividade Wi-Fi e móvel robusta para melhorar a experiência do espetador com aplicações móveis, actualizações em direto e interação com as redes sociais.

Sinalização digital e orientação: Utilizar a sinalização digital para orientação, informação em tempo real e experiências interactivas.

10. Viabilidade económica

Geração de receitas: Conceber espaços para suites de hospitalidade, restaurantes, pontos de venda a retalho e oportunidades de patrocínio para maximizar os fluxos de receitas.

Gestão de custos: Equilibrar a conceção e os materiais de alta qualidade com uma construção económica e eficiência operacional para garantir a sustentabilidade financeira a longo prazo.

Ao aderir a estes princípios, os projectistas de estádios podem criar instalações que sejam não só funcionais e seguras, mas também agradáveis e envolventes para todos os utilizadores.

O que é o crime no desporto?

A criminalidade no desporto engloba uma vasta gama de actividades ilegais e pouco éticas que ocorrem no contexto de eventos desportivos, organizações e actividades relacionadas. Estes crimes podem ser cometidos por atletas, treinadores, dirigentes, administradores e até mesmo por adeptos. Eis alguns dos principais tipos de crime no desporto:

1. Dopagem e toxicodependência

Drogas que melhoram o desempenho (PEDs): A utilização de substâncias como esteróides, hormona de crescimento humano e outras drogas proibidas para melhorar o desempenho desportivo.

Drogas recreativas: Abuso de substâncias ilegais ou controladas, como a marijuana, a cocaína ou o álcool.

2. Combinação de resultados e apostas ilegais

Match-Fixing: Manipulação deliberada do resultado de um jogo ou evento para obter ganhos financeiros, muitas vezes envolvendo atletas, treinadores, árbitros ou dirigentes.

Apostas ilegais: Participar ou facilitar actividades de apostas não autorizadas relacionadas com eventos desportivos.

3. Violência e agressão

Violência em campo: Agressão física excessiva e intencional durante os jogos, que pode provocar lesões graves.

Violência fora do campo: Actos de violência cometidos por atletas ou pessoal afim fora da arena desportiva, incluindo violência doméstica e lutas em bares.

4. Corrupção e suborno

Suborno: Oferecer, dar, receber ou solicitar algo de valor para influenciar as acções de um funcionário ou de outra pessoa responsável por um evento desportivo.

Fraude: Envolver-se em práticas enganosas para obter ganhos financeiros, tais como desvio ou apropriação indevida de fundos em organizações desportivas.

5. Má conduta e abuso sexual

Assédio sexual: Acções indesejadas e inapropriadas de natureza sexual no ambiente desportivo.

Abuso sexual: Actos mais graves e criminosos, incluindo agressão e exploração de atletas, frequentemente por treinadores ou outras figuras de autoridade.

6. Racismo e discriminação

Abuso racial: Observações ou acções discriminatórias baseadas na raça, etnia ou nacionalidade, dirigidas a jogadores, funcionários ou adeptos.

Discriminação: Tratamento desigual com base no género, orientação sexual, deficiência ou outras caraterísticas pessoais.

7. Hooliganismo e violência entre adeptos

Hooliganismo: Comportamento desordenado, agressivo e frequentemente violento dos adeptos durante ou após eventos desportivos.

Violência entre adeptos: Alterações físicas, vandalismo e outras actividades perturbadoras que envolvam os espectadores.

8. Furto e vandalismo

Roubo: Roubar bens, incluindo equipamento, pertences pessoais de atletas ou espectadores, ou fundos de instalações desportivas.

Vandalismo: Destruição ou dano deliberado de instalações desportivas ou propriedades relacionadas.

9. Violações da propriedade intelectual

Pirataria: Transmissão ou reprodução não autorizada de eventos desportivos.

Violação de marca registada: Utilização ilegal de logótipos, nomes de equipas ou outros símbolos protegidos associados a entidades desportivas.

10. Tráfico e exploração de seres humanos

Tráfico de seres humanos: Forçar indivíduos a participar em actividades desportivas contra a sua vontade, envolvendo frequentemente menores ou populações vulneráveis.

Exploração: Tirar partido dos atletas, especialmente dos jovens ou inexperientes, para obter ganhos financeiros ou pessoais, muitas vezes através de contratos ou práticas laborais injustas.

Consequências e impacto:

Repercussões legais: As pessoas envolvidas em crimes relacionados com o desporto podem ser objeto de acções judiciais, incluindo multas, suspensão ou prisão.

Danos à reputação: Os crimes no desporto podem manchar gravemente a reputação de indivíduos, equipas e organizações desportivas inteiras.

Perdas financeiras: As actividades ilegais, como a corrupção e a fraude, podem conduzir a perdas financeiras significativas para as organizações desportivas e as partes interessadas.

Impacto psicológico: As vítimas de crimes como o abuso sexual ou a discriminação racial podem sofrer danos psicológicos a longo prazo.

Erosão da confiança: A criminalidade generalizada no desporto pode minar a confiança do público nas instituições desportivas e na sua integridade.

Medidas preventivas:

Regulamentos e políticas rigorosos: Implementação e aplicação de regras rigorosas em matéria de dopagem, apostas e conduta dentro e fora do campo.

Educação e formação: Fornecer formação sobre ética, questões jurídicas e conduta correta a atletas, treinadores e funcionários.

Vigilância e controlo: Utilização de tecnologia e vigilância para monitorizar actividades e detetar violações.

Sistemas de apoio: Criação de sistemas de apoio às vítimas de crimes, tais como aconselhamento e assistência jurídica.

Colaboração com as forças da ordem: Trabalhar em estreita colaboração com as autoridades judiciais para investigar e combater as actividades criminosas no desporto.

Em resumo, a criminalidade no desporto é uma questão multifacetada que pode comprometer a integridade do desporto e prejudicar os indivíduos envolvidos. A resolução destes crimes exige um esforço coordenado que envolva a regulamentação, a educação e a aplicação rigorosa das leis e das normas éticas.

Gestão da população em eventos desportivos

A gestão da população em eventos desportivos é um aspeto crítico para garantir a segurança, a eficiência e o sucesso global de reuniões em grande escala. Isto implica um planeamento e uma coordenação meticulosos para gerir o fluxo e o comportamento dos espectadores, atletas, pessoal e vendedores dentro do recinto. As estratégias eficazes de gestão da população incluem medidas de controlo de multidões, tais como pontos de entrada e saída designados, caminhos bem marcados e barreiras para direcionar o movimento e evitar a sobrelotação. Os sistemas avançados de emissão de bilhetes ajudam a gerir a afluência e a evitar o excesso de vendas, enquanto a monitorização em tempo real através de sistemas de vigilância e comunicação permite respostas rápidas a potenciais problemas. Além disso, as considerações relativas à acessibilidade e às adaptações para pessoas com deficiência garantem um ambiente inclusivo. Os planos de preparação para situações de emergência são essenciais, detalhando os procedimentos de evacuação e a coordenação com as autoridades policiais e os serviços de emergência locais. Ao implementar estas medidas, os organizadores podem melhorar a experiência dos espectadores, manter a segurança pública e minimizar as perturbações, promovendo assim um evento positivo e memorável para todos os participantes.

A gestão eficaz da população em eventos desportivos também se estende à distribuição estratégica do pessoal de segurança e à utilização da tecnologia para aumentar a segurança e simplificar as operações. O pessoal de segurança está posicionado em locais-chave para monitorizar o comportamento da multidão, gerir os pontos de entrada e responder rapidamente a incidentes. A integração da tecnologia, como as aplicações móveis, permite actualizações em tempo real sobre os lugares, as concessões e os alertas de emergência, melhorando a experiência geral dos participantes. A análise avançada pode ser utilizada para prever padrões de multidões e otimizar a atribuição de recursos, tais como direcionar as equipas de limpeza para áreas de elevado tráfego e garantir que as casas de banho e as bancas de concessão têm pessoal adequado.

A logística de transporte e estacionamento é outro componente crucial da gestão da população em eventos desportivos. Os organizadores colaboram frequentemente com as autoridades de trânsito locais para aumentar as opções de transporte público, reduzir o congestionamento do tráfego e oferecer serviços de transporte a partir de áreas de estacionamento remotas. A sinalização e a comunicação claras ajudam a orientar os participantes de e para o local do evento de forma eficiente, reduzindo o risco de engarrafamentos e atrasos. Para além das considerações logísticas, a gestão eficaz da população em eventos desportivos inclui protocolos de saúde e segurança, especialmente na sequência da pandemia de COVID-19. Medidas como rastreios de saúde, marcadores de distanciamento social, estações de higienização das mãos e protocolos de limpeza reforçados são implementadas para proteger a saúde de todos os participantes. Os organizadores do evento podem também utilizar métodos de rastreio de contactos e exigir um comprovativo de vacinação ou resultados negativos de testes para mitigar a propagação de doenças infecciosas.

A sustentabilidade ambiental está a tornar-se cada vez mais um foco na gestão da população para eventos desportivos. A implementação de programas de redução de resíduos, a promoção da reciclagem e a utilização de tecnologias ecológicas ajudam a minimizar o impacto ambiental dos grandes eventos. Os organizadores podem também colaborar com a comunidade local para promover os transportes públicos e a partilha de automóveis, reduzindo assim a pegada de carbono associada ao evento. De um modo geral, a gestão da população em eventos desportivos é um processo abrangente que exige um planeamento e uma coordenação cuidadosos em várias dimensões. Ao concentrarem-se no controlo das multidões, na segurança, na integração tecnológica, na logística dos transportes, nos protocolos de saúde e segurança e na sustentabilidade ambiental, os organizadores do evento podem criar uma experiência segura, eficiente e agradável para todos os participantes, mantendo simultaneamente a integridade e a reputação do evento desportivo.

A gestão da população em eventos desportivos também enfatiza a importância de uma comunicação clara e de uma sinalização eficaz para garantir que os participantes possam navegar facilmente no recinto e aceder aos serviços necessários. Mapas detalhados, tanto físicos como digitais, fornecem informações sobre a disposição dos assentos, saídas de emergência, casas de banho, pontos de venda de alimentos e bebidas e estações de primeiros socorros. Os anúncios feitos através de sistemas de som públicos, bem como as actualizações fornecidas através de aplicações móveis e canais de redes sociais, mantêm a audiência informada sobre detalhes importantes do evento, como alterações de horários ou procedimentos de emergência.

Outro aspeto fundamental é a disponibilização de equipamentos adequados para satisfazer as necessidades de grandes multidões. Isto inclui não só casas de banho e bancas de concessão suficientes, mas também caraterísticas de acessibilidade, como rampas, elevadores e lugares designados para pessoas com deficiência. Assentos confortáveis, áreas com sombra e estações de arrefecimento podem melhorar significativamente a experiência do espetador, especialmente durante eventos ao ar livre ou em condições climatéricas extremas. As considerações culturais e comportamentais são também fundamentais na gestão da população em eventos desportivos. Os organizadores devem estar cientes das diversas origens e expectativas dos participantes, implementando medidas para promover ambientes respeitosos e inclusivos. Isto pode implicar a formação do pessoal para lidar com uma variedade de situações com sensibilidade cultural e fornecer apoio e informações multilingues.

A preparação e a resposta a emergências são fundamentais na gestão da população em eventos desportivos. Devem ser elaborados e regularmente actualizados planos de emergência abrangentes, em colaboração com as autoridades locais e os serviços de emergência. Estes planos incluem protocolos para vários cenários, como emergências médicas, incêndios, ameaças à segurança e catástrofes naturais. Os exercícios e simulações regulares ajudam a garantir que o pessoal está bem preparado para executar estes planos de forma eficaz. O envolvimento e o entretenimento dos adeptos também fazem parte integrante da gestão da população, uma vez que ajudam a manter uma atmosfera positiva e a gerir o comportamento da multidão. Os espectáculos antes do jogo e do intervalo, as zonas interactivas e as actividades dos adeptos não só melhoram a experiência geral, como também ajudam a distribuir a multidão de forma mais uniforme pelo recinto, reduzindo a pressão sobre áreas específicas.

As práticas de sustentabilidade na gestão da população estendem-se ainda à promoção de um comportamento responsável entre os participantes. O incentivo à utilização de recipientes reutilizáveis, a disponibilização de contentores de reciclagem e a sensibilização dos espectadores para a importância de minimizar os resíduos contribuem para a sustentabilidade ambiental do evento. Além disso, as parcerias com empresas locais e organizações comunitárias podem fomentar um sentimento de envolvimento e apoio local, aumentando o impacto social do evento.

A incorporação de tecnologias avançadas, como o reconhecimento facial, o rastreio RFID e os dispositivos IoT, pode aumentar a segurança e a eficiência operacional. Estas tecnologias permitem que os organizadores monitorizem a densidade da multidão, acompanhem os padrões de movimento e identifiquem e resolvam rapidamente potenciais problemas. Além disso, a utilização da análise de grandes volumes de dados permite a melhoria contínua das estratégias de gestão da população através da análise de eventos anteriores e da identificação de tendências e áreas a melhorar. Em última análise, a gestão eficaz da população em eventos desportivos consiste em criar uma experiência perfeita, segura e agradável para todos os participantes. Ao abordar factores logísticos, de segurança, de saúde, ambientais e culturais, os organizadores podem garantir que os eventos desportivos decorrem sem problemas e com êxito, promovendo experiências positivas e memórias duradouras para todos os envolvidos.

Localização óptima das instalações desportivas

A localização ideal das instalações desportivas é crucial para maximizar a acessibilidade, a utilização e os benefícios para a comunidade, e envolve uma análise estratégica de vários factores, como a densidade populacional, as infra-estruturas de transportes e a demografia local. Idealmente, as instalações desportivas devem estar situadas em áreas facilmente acessíveis através de transportes públicos e das principais vias rodoviárias, garantindo a conveniência para um vasto leque de utilizadores, incluindo os que não dispõem de veículos pessoais. A proximidade de áreas residenciais, escolas e zonas comerciais pode aumentar o envolvimento da comunidade e garantir uma utilização consistente ao longo da semana. Além disso, a localização de instalações em áreas mal servidas ou economicamente desfavorecidas pode promover a inclusão e proporcionar oportunidades recreativas essenciais que promovam o bem-estar da comunidade. As considerações ambientais, como a minimização da perturbação ecológica e o aproveitamento das paisagens naturais para fins estéticos e funcionais, também desempenham um papel vital. Além disso, a integração de instalações desportivas em planos de desenvolvimento urbano mais amplos, incluindo empreendimentos de utilização mista que combinem espaços recreativos, residenciais e comerciais, pode estimular as economias locais e criar centros comunitários vibrantes e multifuncionais.

Ao determinar a localização ideal para as instalações desportivas, os urbanistas e promotores devem também ter em conta a disponibilidade e o custo do terreno, assegurando que o local escolhido oferece espaço suficiente para as instalações e quaisquer comodidades adicionais, tais como parques de estacionamento, campos de treino e áreas para espectadores. A viabilidade económica é fundamental, equilibrando a necessidade de uma localização central e acessível com as restrições orçamentais do projeto. Além disso, o impacto social e económico na comunidade envolvente deve ser cuidadosamente avaliado para garantir que o desenvolvimento traz benefícios positivos sem causar deslocações ou perturbações significativas nos bairros existentes.

A sustentabilidade ambiental é outro fator essencial na seleção do local. Os planeadores devem dar prioridade a locais que permitam práticas de construção sustentáveis, como a utilização de fontes de energia renováveis, sistemas eficientes de gestão da água e materiais de construção ecológicos. A integração de espaços verdes e elementos naturais pode melhorar o aspeto estético das instalações, proporcionar oportunidades recreativas para além do desporto e contribuir para a biodiversidade local. A conetividade com outros serviços e comodidades da comunidade pode aumentar ainda mais a utilidade e o interesse das instalações desportivas. Por exemplo, a proximidade de instituições de ensino, centros de saúde e áreas comerciais pode criar sinergias que beneficiem tanto as instalações como a comunidade. As parcerias de colaboração com escolas e organizações locais podem facilitar a utilização partilhada das instalações, optimizando a utilização dos recursos e promovendo um maior sentido de propriedade e envolvimento da comunidade. Para além disso, o contexto cultural e social do local é vital. Compreender as necessidades, preferências e tradições da comunidade local pode ajudar a garantir que as instalações sejam concebidas e programadas de forma a serem bem aceites pelos seus utilizadores. Isto pode implicar a adaptação a desportos específicos que sejam populares na zona, a disponibilização de espaços para eventos comunitários e a garantia de que a conceção reflecte e respeita o património cultural local.

A participação efectiva das partes interessadas é crucial no processo de seleção do local. Envolver os membros da comunidade, as autoridades locais e os potenciais utilizadores nas fases de planeamento pode fornecer informações valiosas, criar apoio para o projeto e garantir que a instalação satisfaz as diversas necessidades dos seus futuros utilizadores. Esta abordagem participativa pode conduzir a uma melhor tomada de decisões e promover um sentimento de apropriação e orgulho da comunidade em relação à instalação. Finalmente, o crescimento futuro e a adaptabilidade devem ser considerados na seleção da localização ideal. O local deve permitir uma potencial expansão e adaptação para satisfazer as necessidades da comunidade e a evolução das tendências em matéria de desporto e recreio. Antecipando as necessidades futuras e assegurando que as instalações podem ser dimensionadas e adaptadas, os planeadores podem maximizar o valor e a relevância a longo prazo das instalações desportivas.

Segurança e proteção nas instalações desportivas

A segurança e a proteção em instalações desportivas são fundamentais para garantir o bem-estar dos atletas, espectadores e pessoal, e requerem uma abordagem multifacetada que integre medidas físicas, operacionais e tecnológicas. As caraterísticas de segurança física, tais como vedações de perímetro robustas, pontos de entrada e saída controlados e câmaras de vigilância estrategicamente colocadas ajudam a evitar o acesso não autorizado e a monitorizar as actividades dentro das instalações. As estratégias operacionais, incluindo avaliações de risco completas, planos de preparação para emergências e simulacros de segurança regulares, garantem que o pessoal está bem treinado para responder a vários incidentes, desde emergências médicas a ameaças à segurança. A tecnologia desempenha um papel fundamental, com sistemas avançados como controlos de acesso biométricos, monitorização de multidões em tempo real e sistemas de alerta automatizados que melhoram o conhecimento da situação e facilitam respostas rápidas. Além disso, a colaboração com as forças policiais e os serviços de emergência locais garante uma abordagem coordenada da segurança, permitindo uma intervenção rápida quando necessário. A comunicação eficaz com os participantes, através de sinalização clara, anúncios públicos e notificações móveis, mantém todos informados sobre os protocolos e procedimentos de segurança. Ao dar prioridade a estes elementos, as instalações desportivas podem proporcionar um ambiente seguro que minimiza os riscos e promove um sentimento de segurança e confiança entre todos os utilizadores.

Além disso, a incorporação de considerações de segurança e proteção na conceção e arquitetura das instalações desportivas pode aumentar significativamente a sua eficácia. Por exemplo, a conceção de caminhos largos e desimpedidos e de múltiplas vias de saída ajuda a facilitar uma evacuação eficiente em caso de emergência, reduzindo a possibilidade de aglomerações e estrangulamentos. A implementação de um acesso sem barreiras e a garantia de que todas as áreas estão bem iluminadas podem dissuadir a atividade criminosa e melhorar a visibilidade tanto para o pessoal de segurança como para os participantes. A manutenção e as inspecções regulares das instalações são essenciais para identificar e corrigir potenciais perigos, como sistemas eléctricos defeituosos, deficiências estruturais ou saídas de emergência obstruídas. O envolvimento com a comunidade e a criação de uma cultura de segurança e vigilância entre o pessoal e os visitantes pode aumentar ainda mais a segurança. Isto pode ser conseguido através de programas educativos que informem os participantes sobre a importância das medidas de segurança pessoal, da comunicação de actividades suspeitas e da familiarização com as caraterísticas de segurança e os procedimentos de emergência do local. Além disso, uma presença visível de segurança, incluindo agentes de segurança uniformizados e pessoal à paisana, pode funcionar como um dissuasor para potenciais infractores, ao mesmo tempo que tranquiliza os participantes quanto à sua segurança.

As tecnologias avançadas, como drones para vigilância aérea, análises baseadas em IA para deteção de ameaças e aplicações móveis para comunicação de incidentes em tempo real, estão a tornar-se cada vez mais parte integrante da segurança moderna das instalações desportivas. Estas tecnologias permitem uma abordagem proactiva à gestão da segurança, permitindo a identificação precoce e a mitigação de potenciais ameaças. A implementação de tais inovações não só aumenta a segurança, como também melhora a eficiência operacional global da instalação. Por último, a promoção de parcerias sólidas com os serviços de saúde e de emergência locais garante que as instalações desportivas estão preparadas para lidar com uma vasta gama de incidentes, desde ferimentos ligeiros a emergências graves. A presença de pessoal médico no local durante os eventos, estações de primeiros socorros bem equipadas e protocolos claros de resposta médica de emergência podem salvar vidas e atenuar o impacto de acidentes ou incidentes relacionados com a saúde. Ao integrar estas medidas abrangentes de segurança e proteção, as instalações desportivas podem proporcionar um ambiente seguro, protegido e agradável para todos os envolvidos.

Para além das medidas fundamentais, a promoção de uma cultura de segurança sólida nas instalações desportivas implica uma melhoria e adaptação contínuas às ameaças emergentes e às melhores práticas. Isto inclui programas regulares de formação e certificação para o pessoal de segurança e para o pessoal, garantindo que estão equipados com os conhecimentos e competências mais recentes em matéria de resposta a emergências, resolução de conflitos e utilização de novas tecnologias. A participação em simulações e formação baseada em cenários ajuda o pessoal a preparar-se para uma variedade de potenciais incidentes, desde catástrofes naturais a situações de tiroteio ativo, aumentando a sua prontidão e confiança. A colaboração com especialistas do sector e a participação em conferências e fóruns de segurança permitem aos gestores de instalações manterem-se actualizados sobre as últimas tendências e inovações em matéria de segurança e proteção. Esta abordagem proactiva pode levar à adoção de tecnologias de ponta, como o reconhecimento facial para controlo de entradas, que não só melhora a segurança, como também simplifica a experiência dos participantes, reduzindo os tempos de espera.

A integração da sustentabilidade e da segurança é outro aspeto que pode melhorar o ambiente geral de segurança. Por exemplo, a utilização de materiais amigos do ambiente que sejam também resistentes ao fogo ou a implementação de espaços verdes que funcionem como pontos de reunião de emergência podem melhorar tanto a segurança como a sustentabilidade das instalações. Para além disso, a iluminação energeticamente eficiente e os sistemas de reserva de energia garantem que as operações críticas de segurança e vigilância permanecem funcionais durante as falhas de energia. Outro elemento-chave é o aspeto psicológico da segurança e proteção. A criação de um ambiente acolhedor e de apoio pode reduzir significativamente o stress e a ansiedade dos participantes, contribuindo para uma experiência positiva. Isto pode ser conseguido através de elementos de conceção bem pensados, tais como espaços abertos e visíveis que reduzam as oportunidades de ocultação, bem como a presença de pessoal simpático e acessível, com formação em serviço ao cliente e redução de conflitos.

O papel da análise de dados no reforço da segurança não pode ser subestimado. Ao analisar dados sobre movimentos de multidões, vendas de bilhetes e incidentes anteriores, os gestores das instalações podem identificar padrões e potenciais vulnerabilidades. A análise preditiva pode ajudar a antecipar situações de alto risco e permitir medidas preventivas para as evitar. Esta abordagem baseada em dados não só melhora a segurança, como também melhora a gestão global do evento, optimizando a atribuição de recursos e melhorando o fluxo de pessoas dentro da instalação. Estratégias de comunicação eficazes também são vitais para manter a segurança e a proteção. Isto inclui mensagens claras e consistentes antes, durante e depois dos eventos através de vários canais, como sítios Web, redes sociais, aplicações móveis e ecrãs digitais no local. Manter os participantes informados sobre medidas de segurança, itens proibidos e procedimentos de emergência ajuda a criar um público cooperativo e informado.

Por último, o estabelecimento de relações sólidas com a comunidade e as autoridades locais garante uma abordagem global da segurança e proteção. As iniciativas de envolvimento da comunidade, como dias abertos e workshops, podem ajudar a criar confiança e a promover um sentido de responsabilidade partilhada pela segurança. Os esforços de colaboração com as forças policiais, os bombeiros e os serviços médicos locais garantem uma resposta coordenada e eficaz a quaisquer incidentes, melhorando a resiliência global da instalação desportiva. Através da evolução contínua e da integração destes diversos elementos, as instalações desportivas podem criar um ambiente seguro, protegido e acolhedor que melhora a experiência de todos os participantes e garante o bom funcionamento dos eventos.

Adaptação de instalações desportivas para pessoas com deficiência

A adaptação das instalações desportivas para acolher pessoas com deficiência implica a aplicação de uma série de princípios de conceção inclusiva e de caraterísticas acessíveis para garantir um acesso e uma participação equitativos nas actividades desportivas e recreativas. Esta adaptação começa com a disponibilização de acesso sem barreiras às instalações, incluindo rampas, elevadores e portas largas que permitam a entrada de cadeiras de rodas e outros auxiliares de mobilidade. A conceção de lugares de estacionamento acessíveis localizados perto das entradas facilita ainda mais a entrada e saída de pessoas com deficiência.

No interior das instalações, os lugares sentados acessíveis com linhas de visão claras para o campo de jogos ou para o evento são essenciais para garantir que os espectadores com deficiência possam desfrutar da experiência juntamente com os seus pares. A integração de sinalização tátil, informação em braille e anúncios sonoros ajuda as pessoas com deficiências visuais a navegar nas instalações de forma independente. As instalações sanitárias inclusivas, equipadas com barras de apoio, cabinas espaçosas e lavatórios acessíveis, satisfazem as necessidades pessoais dos utilizadores com deficiência. Para os atletas com deficiência, as instalações desportivas podem ser adaptadas com equipamento e comodidades especializadas para apoiar as suas necessidades de treino e competição. Isto pode incluir mesas e bancos de altura ajustável, máquinas de exercício adaptadas e zonas de mudança de roupa equipadas com dispositivos de assistência. Os campos e campos desportivos podem incorporar superfícies lisas e antiderrapantes e marcações claras para facilitar a circulação segura de atletas que utilizam cadeiras de rodas ou auxiliares de mobilidade.

A educação e a formação do pessoal e dos voluntários em matéria de sensibilização para a deficiência e práticas inclusivas são cruciais para promover um ambiente de apoio e respeito. Isto garante que todos os indivíduos, independentemente das suas capacidades, se sintam bem-vindos e acomodados durante a sua visita às instalações desportivas. Ao adoptarem os princípios do desenho universal e ao esforçarem-se continuamente por melhorar a acessibilidade, as instalações desportivas podem promover a inclusão, reforçar o envolvimento da comunidade e proporcionar oportunidades significativas para as pessoas com deficiência participarem plenamente em actividades desportivas e recreativas. Além disso, a melhoria da adaptação das instalações desportivas às pessoas com deficiência implica uma consulta contínua com grupos de defesa das pessoas com deficiência e com as próprias pessoas com deficiência, a fim de recolher feedback e ideias sobre a melhoria da acessibilidade. Esta abordagem colaborativa garante que as adaptações satisfazem as necessidades e preferências específicas da comunidade com deficiência.

Nas instalações desportivas ao ar livre, é crucial garantir percursos acessíveis e áreas para sentar que tenham em conta o terreno e as condições meteorológicas. Isto inclui a disponibilização de áreas abrigadas, estruturas de sombra e fontes de água acessíveis para aumentar o conforto e a segurança dos espectadores e participantes com deficiência.

A tecnologia também desempenha um papel importante na melhoria da acessibilidade. Por exemplo, a instalação de sistemas de laços auditivos em instalações interiores ajuda as pessoas com deficiências auditivas, transmitindo o som diretamente para os seus aparelhos auditivos ou implantes cocleares. Os sistemas digitais de orientação e as aplicações móveis com funcionalidades de acessibilidade podem fornecer informações em tempo real sobre a disposição das instalações, os horários dos eventos e as comodidades acessíveis.

A promoção de programas e eventos inclusivos que atendam a uma gama diversificada de capacidades enriquece ainda mais a experiência das pessoas com deficiência. Isto pode envolver a organização de ligas desportivas adaptadas, torneios e sessões de treino especificamente adaptadas a diferentes deficiências, fomentando a inclusão social e promovendo a atividade física entre as pessoas com deficiência. Ao integrar estas medidas abrangentes, as instalações desportivas não só cumprem as normas e regulamentos em matéria de acessibilidade, como também criam um ambiente em que as pessoas com deficiência podem participar plenamente e desfrutar de actividades desportivas e recreativas em pé de igualdade com os seus pares. Este compromisso com a acessibilidade não só melhora a inclusão global das instalações, como também promove a diversidade, a equidade e o envolvimento da comunidade no seio da comunidade desportiva em geral.

Os esforços contínuos para adaptar as instalações desportivas às pessoas com deficiência implicam também responder às necessidades específicas dos diferentes tipos de deficiência. Para as pessoas com dificuldades de mobilidade, a instalação de assentos adaptados e de plataformas de observação com vistas desobstruídas garante que podem desfrutar confortavelmente dos eventos. Os caminhos acessíveis para os campos ou estádios desportivos, equipados com sinalização adequada e orientação tátil, melhoram a navegação para as pessoas com deficiências visuais.

Facilitar a participação em desportos e actividades recreativas para pessoas com deficiência requer frequentemente equipamento e instalações especializadas. Isto pode incluir balneários acessíveis e vestiários equipados com dispositivos de assistência, tais como bancos ajustáveis e chuveiros acessíveis. As adaptações do equipamento desportivo, como cadeiras de rodas modificadas ou equipamento especializado para atletas com deficiência visual, garantem a inclusão em ambientes de treino e competição.

Os programas de educação e sensibilização desempenham um papel crucial na promoção de um ambiente inclusivo nas instalações desportivas. A formação de funcionários e voluntários em etiqueta para deficientes, estratégias de comunicação e técnicas de assistência promove interações respeitosas e melhora a experiência geral das pessoas com deficiência. Além disso, educar a comunidade em geral sobre a importância da acessibilidade no desporto incentiva o apoio a iniciativas inclusivas e promove uma cultura de inclusão.

Para além das adaptações físicas, é essencial promover um ambiente acolhedor e de apoio através de políticas e práticas inclusivas. Isto inclui garantir que as adaptações para pessoas com deficiência são claramente comunicadas e estão prontamente disponíveis nos sítios Web, brochuras e sistemas de bilhética das instalações. O envolvimento com organizações de defesa de deficientes e a procura de feedback de pessoas com deficiência ajuda a identificar áreas de melhoria e garante que as adaptações satisfazem as necessidades e expectativas em constante evolução.

Ao adotar estas abordagens holísticas à acessibilidade e à inclusão, as instalações desportivas podem criar ambientes em que as pessoas com deficiência não só tenham igualdade de acesso, mas também se sintam valorizadas e capacitadas para participar plenamente em actividades desportivas, recreativas e comunitárias. Em última análise, a promoção da acessibilidade nas instalações desportivas enriquece a experiência global de todos os participantes e contribui para uma sociedade mais equitativa e inclusiva.

Conceção urbana e instalações desportivas

A relação entre a conceção urbana e as instalações desportivas é complexa e multifacetada, influenciando não só a paisagem física das cidades, mas também a dinâmica social, económica e cultural da vida urbana. A conceção urbana desempenha um papel crucial na determinação da localização, acessibilidade, integração e impacto global das instalações desportivas numa cidade.

Acessibilidade e conetividade

Princípios de conceção urbana:

A conceção urbana centra-se na criação de espaços de fácil acesso e com boas ligações. No caso das instalações desportivas, isto significa garantir que estão integradas na rede de transportes da cidade, com acesso conveniente por transportes públicos, a pé e de bicicleta. Uma boa conetividade aumenta a facilidade de utilização das instalações desportivas, tornando-as mais atractivas e acessíveis a uma população mais vasta.

Impacto:

Quando as instalações desportivas são facilmente acessíveis, promovem taxas de frequência e de participação mais elevadas. Esta acessibilidade é crucial para incentivar a utilização regular pelos residentes, incluindo aqueles que não possuem veículos particulares. Também garante que os eventos realizados nestas instalações sejam mais bem sucedidos, atraindo multidões e gerando atividade económica.

Utilização e planeamento do solo

Princípios de conceção urbana:

Uma conceção urbana eficaz implica um planeamento estratégico da utilização do solo para equilibrar as várias necessidades de uma cidade. A incorporação de instalações desportivas nos planos urbanos requer uma análise cuidadosa da afetação do solo para garantir que estas instalações complementam as áreas residenciais, comerciais e recreativas.

Impacto:

A integração de instalações desportivas em empreendimentos de utilização mista pode aumentar a vitalidade das zonas urbanas. Pode levar ao desenvolvimento de centros desportivos que combinam ginásios, parques, estádios e centros recreativos com lojas, restaurantes e outras comodidades. Esta integração promove um ambiente urbano dinâmico em que as actividades desportivas e de lazer estão perfeitamente integradas na vida quotidiana.

Envolvimento da comunidade e coesão social

Princípios de conceção urbana:

A conceção urbana visa criar espaços inclusivos e envolventes que promovam a interação social e a coesão da comunidade. Conceber instalações desportivas tendo em mente o envolvimento da comunidade significa criar espaços polivalentes que satisfaçam diversos grupos e incentivem a interação social.

Impacto:

Instalações desportivas bem concebidas funcionam como centros comunitários, reunindo pessoas para eventos, actividades e encontros sociais. Isto promove um sentimento de comunidade e de pertença, reforçando a coesão social. As instalações que são inclusivas e acessíveis a todos os membros da comunidade, incluindo os portadores de deficiência, contribuem para um ambiente urbano mais equitativo.

Desenvolvimento económico e revitalização

Princípios de conceção urbana:

O design urbano pode impulsionar o desenvolvimento económico ao colocar estrategicamente instalações desportivas em áreas destinadas a revitalização. Ao fazê-lo, pode estimular as economias locais, atrair investimentos e gerar oportunidades de emprego.

Impacto:

As instalações desportivas funcionam frequentemente como catalisadores do desenvolvimento económico, atraindo empresas, turismo e investimentos imobiliários. Os eventos e as actividades regulares nestas instalações podem impulsionar as empresas locais, desde hotéis e restaurantes a lojas de retalho e prestadores de serviços. Isto pode levar à revitalização de áreas urbanas subdesenvolvidas ou negligenciadas, contribuindo para a renovação urbana global.

Sustentabilidade ambiental

Princípios de conceção urbana:

A conceção urbana sustentável dá ênfase à responsabilidade ambiental e à eficiência dos recursos. A incorporação de práticas de construção ecológicas, sistemas energeticamente eficientes e paisagismo sustentável nas instalações desportivas alinha-se com objectivos mais amplos de sustentabilidade urbana.

Impacto:

As instalações desportivas sustentáveis do ponto de vista ambiental reduzem a pegada ecológica das zonas urbanas. Caraterísticas como os painéis solares, os sistemas de recolha de águas pluviais e os telhados verdes não só contribuem para a conservação do ambiente, como também reduzem os custos operacionais. Os projectos sustentáveis podem aumentar a atratividade e a reputação das instalações desportivas, apelando a utilizadores e partes interessadas com consciência ambiental.

Saúde e bem-estar

Princípios de conceção urbana:

A conceção urbana promove a saúde pública através da criação de ambientes que incentivam a atividade física e estilos de vida saudáveis. A incorporação de instalações desportivas nas zonas urbanas apoia este objetivo, proporcionando locais acessíveis para a prática de exercício e recreio.

Impacto:

As instalações desportivas desempenham um papel vital na promoção da saúde física e mental. Proporcionam espaços para a prática de exercício físico, desportos recreativos e eventos organizados, encorajando os residentes a terem estilos de vida activos. Este facto traz benefícios a longo prazo para a saúde pública, reduzindo os custos dos cuidados de saúde e melhorando a qualidade de vida.

Valor estético e cultural

Princípios de conceção urbana:

O design urbano melhora o valor estético e cultural das cidades, criando espaços visualmente apelativos e culturalmente significativos. As instalações desportivas concebidas com excelência arquitetónica e sensibilidade cultural podem tornar-se marcos emblemáticos.

Impacto:

As instalações desportivas esteticamente agradáveis e culturalmente relevantes podem melhorar a paisagem visual das zonas urbanas e contribuir para a identidade cultural. Podem tornar-se símbolos de orgulho cívico e locais onde as tradições culturais e desportivas são celebradas e preservadas. Uma conceção de elevada qualidade atrai visitantes e melhora a imagem global da cidade.

A relação entre a conceção urbana e as instalações desportivas é essencial para a criação de ambientes urbanos vibrantes, saudáveis e sustentáveis. A integração cuidadosa das instalações desportivas no tecido urbano pode melhorar a acessibilidade, estimular o crescimento económico, fomentar a coesão social, promover a sustentabilidade ambiental e melhorar a saúde pública. Ao alinhar a conceção e o planeamento das instalações desportivas com princípios mais amplos de conceção urbana, as cidades podem criar espaços dinâmicos que enriquecem a vida dos seus residentes e contribuem para a vitalidade global da paisagem urbana.

Proposta de construção de um novo estádio

A redação de uma proposta para a construção de um novo estádio envolve várias secções fundamentais que abrangem todos os aspectos do projeto, desde o conceito inicial e os benefícios até ao planeamento detalhado e às considerações financeiras. Aqui está um guia completo para estruturar a sua proposta:

1. Sumário executivo

Objetivo:

Fornecer uma visão geral de alto nível do projeto, incluindo os seus objectivos, benefícios e componentes principais.

Conteúdo:

Breve introdução ao projeto.

Resumo do objetivo do estádio e das necessidades que irá satisfazer.

Descrição geral do âmbito, do calendário e do custo estimado do projeto.

Principais benefícios e resultados esperados.

2. Antecedentes do projeto

Objetivo:

Explicar o contexto e a necessidade do novo estádio.

Conteúdo:

Descrição da situação atual e das limitações das instalações existentes.

A procura de um novo estádio por parte da comunidade ou das organizações.

Dados ou estudos pertinentes que justifiquem a necessidade do projeto.

3. Objectivos e benefícios

Objetivo:

Especificar os objectivos específicos e os benefícios previstos do novo estádio.

Conteúdo:

Objectivos a curto e a longo prazo do projeto.

Benefícios económicos (por exemplo, criação de emprego, aumento do turismo, apoio às empresas locais).

Benefícios sociais e comunitários (por exemplo, eventos comunitários, desenvolvimento desportivo, melhoria do espaço público).

Potencial para atrair grandes eventos e gerar receitas.

4. Descrição do projeto

Objetivo:

Fornecer informações pormenorizadas sobre a conceção e as caraterísticas do novo estádio.

Conteúdo:

Localização e descrição do sítio.

Conceção arquitetónica e principais caraterísticas (capacidade de lugares, acessibilidade, áreas VIP, etc.).

Instalações e comodidades (vestiários, concessões, estacionamento, etc.).

Elementos de conceção sustentáveis e respeitadores do ambiente.

Integração com as infra-estruturas circundantes.

5. Plano do projeto

Objetivo:

Descreva o calendário do projeto e as principais etapas.

Conteúdo:

Plano de construção faseado.

Principais etapas e prazos (preparação do local, fases de construção, inspeção final, data de abertura).

Gráfico de Gantt ou linha de tempo visual do projeto.

6. Orçamento e plano financeiro

Objetivo:

Apresentar um orçamento detalhado e uma estratégia financeira para o projeto.

Conteúdo:

Repartição do custo total do projeto (aquisição de terrenos, construção, licenças, equipamento, etc.).

Fontes de financiamento (empréstimos, subvenções, investimentos privados, financiamento público).

Projecções financeiras (geração de receitas, custos de funcionamento, custos de manutenção).

Análise custo-benefício e estimativas de retorno do investimento (ROI).

7. Gestão dos riscos

Objetivo:

Identificar os riscos potenciais e delinear estratégias de atenuação.

Conteúdo:

Avaliação dos riscos (atrasos na construção, derrapagens orçamentais, questões jurídicas).

Estratégias de atenuação e planos de emergência.

Medidas de segurança e de conformidade.

8. Envolvimento das partes interessadas

Objetivo:

Descrever a forma como as partes interessadas serão envolvidas e mantidas informadas.

Conteúdo:

Principais partes interessadas (membros da comunidade, empresas locais, entidades governamentais, organizações desportivas).

Plano de envolvimento e comunicação.

Métodos para recolher reacções e responder a preocupações.

9. Conclusão

Objetivo:

Resumir a proposta e reiterar o seu significado.

Conteúdo:

Recapitulação dos objectivos, benefícios e importância estratégica do projeto.

Apelo à ação para aprovação e apoio.

10. Apêndices

Objetivo:

Fornecer informações suplementares e documentação pormenorizada.

Conteúdo:

Documentos de apoio (estudos de viabilidade, análises de mercado, avaliações de impacto ambiental).

Desenhos de arquitetura e planos do local.

Cartas de apoio ou compromisso das principais partes interessadas.

Documentos de conformidade legal e regulamentar.

Exemplo de estrutura de proposta

Resumo executivo

Propõe-se a construção de um novo estádio para satisfazer a procura crescente de instalações desportivas modernas e multifuncionais na nossa comunidade. Este projeto visa proporcionar um local de ponta para as equipas desportivas locais, atrair grandes eventos e estimular o crescimento económico. O custo estimado é de 50 milhões de dólares, com uma data de conclusão prevista para dezembro de 2025.

Antecedentes do projeto

As nossas actuais instalações desportivas estão desactualizadas e são inadequadas para as necessidades da comunidade. Inquéritos e estudos revelaram uma forte procura de um novo estádio que possa acolher uma variedade de eventos, desde jogos desportivos a concertos e reuniões da comunidade.

Objectivos e benefícios

O novo estádio será:

Melhorar os programas desportivos locais e proporcionar um local para competições de alto nível.

Criar oportunidades de emprego durante e após a construção.

Impulsionar as empresas locais através do aumento do turismo e da participação em eventos.

Servir de centro comunitário para várias actividades e eventos.

Descrição do projeto

O estádio proposto ficará situado num terreno de 20 acres no centro da cidade. Terá uma capacidade para 25 000 lugares sentados, balneários modernos, suites VIP e um amplo parque de estacionamento. O projeto incorporará práticas sustentáveis, incluindo painéis solares e paisagismo eficiente em termos de água.

Plano do projeto

O projeto será executado em quatro fases:

Preparação do terreno e trabalhos de fundo (janeiro - junho de 2024).

Quadro estrutural (julho de 2024 - março de 2025).

Interior e equipamentos (abril - outubro de 2025).

Inspecções finais e preparativos para a abertura (novembro - dezembro de 2025).

Orçamento e plano financeiro

O custo total do projeto está estimado em 50 milhões de dólares, com financiamento proveniente de uma combinação de subvenções públicas, investimentos privados e uma emissão de obrigações municipais. As projecções financeiras detalhadas indicam um retorno positivo do investimento no prazo de cinco anos, através das receitas dos eventos e do aumento da atividade económica local.

Gestão do risco

Os riscos potenciais incluem atrasos na construção e derrapagens orçamentais. As estratégias de mitigação envolvem a seleção de empreiteiros experientes, a reserva de fundos de contingência e a manutenção de protocolos rigorosos de gestão de projectos.

Envolvimento das partes interessadas

As principais partes interessadas incluem residentes locais, empresas, equipas desportivas e funcionários governamentais. Serão fornecidas actualizações regulares através de reuniões públicas, boletins informativos e um sítio Web dedicado ao projeto. As reacções serão ativamente procuradas e incorporadas.

Conclusão

O estádio proposto representa um investimento significativo no futuro da nossa comunidade, prometendo benefícios económicos, sociais e recreativos substanciais. A aprovação e o apoio a este projeto são essenciais para a concretização destes objectivos.

Apêndices

Estudo de viabilidade

Desenhos de arquitetura

Avaliação do impacto ambiental

Cartas de apoio

Seguindo esta estrutura, é possível criar uma proposta abrangente e persuasiva para a construção de um novo estádio, abordando todos os aspectos críticos e demonstrando o valor e a viabilidade do projeto.

Referências

Ahmadi, A., Honari, H., Shahlaee, J., Kargar, G., & Ghafouri, F. (2022). Conceber um modelo para a localização óptima de instalações desportivas com base nos critérios de planeamento urbano. Investigação em Ciências do Desporto e Saúde, 14(2)

Al Mohannadi, F. (2023). Sem título. Análise crítica da componente ambiental dos estádios sustentáveis construídos para o Campeonato do Mundo de Futebol da FIFA de 2022 no Qatar,

Andrade, C., Muñoz, J. J., & Rosell, J. R. (2023). A utilização de taxas de corrosão para a identificação de zonas danificadas num estádio de futebol e a eficácia dos inibidores de superfície como método de reparação. Lifecycle of structures and infrastructure systems (pp. 2387-2394) CRC Press.

Chahardovali, T., Watanabe, N. M., & Dastrup, R. W. (2023). A localização é importante? An econometric analysis of stadium location and attendance at national women's soccer league matches (Uma análise econométrica da localização do estádio e da assistência aos jogos da liga nacional de futebol feminino). Sociology of Sport Journal, 1(aop), 1-12.

Chalmers, J., & Frosdick, S. (2011). Mais segurança e proteção nos recintos desportivos Paragon Publishing.

Cozens, P., Hillier, D., & Prescott, G. (2001). Crime and the design of residential property-exploring the perceptions of planning professionals, burglars and other users: Parte 2. Property Management, 19(4), 222-248.

Culley, P., & Pascoe, J. (2009). Instalações e tecnologias desportivas Routledge.

Duignan, M., Pappalepore, I., Smith, A., & Ivanescu, Y. (2022). Experiências dos turistas em cidades de megaeventos: Rio's olympic 'double bubbles. Annals of Leisure Research, 25(1), 71-92.

Erçin, Ç, & Al Hindwan, I. (2023). Analisar os critérios de conceção de espaços públicos abertos para pessoas com deficiência: An evaluation of kumsal park in northern cyprus. Jornal Europeu do Desenvolvimento Sustentável, 12(3), 277.

Francis, J., Giles-Corti, B., Wood, L., & Knuiman, M. (2012). Criar um sentido de comunidade: The role of public space. Journal of Environmental Psychology, 32(4), 401-409.

Fried, G., & Kastel, M. (2020a). Gestão de instalações desportivas Human Kinetics.

Fried, G., & Kastel, M. (2020b). Gestão de instalações desportivas Human Kinetics.

Larimian, T., Zarabadi, Z. S. S., & Sadeghi, A. (2013). Desenvolvimento de um modelo AHP difuso para avaliar a sustentabilidade ambiental na perspetiva do esquema de segurança por design - um estudo de caso. Cidades Sustentáveis e Sociedade, 7, 25-36.

Lee, J. S., Park, S., & Jung, S. (2016). Efeito da prevenção do crime através de medidas de design ambiental (CPTED) na vida ativa e no medo do crime. Sustainability, 8(9), 872.

Mihinjac, M., & Saville, G. (2019). Prevenção do crime de terceira geração através do design ambiental (CPTED). Ciências Sociais, 8(6), 182.

Minnery, J. R., & Lim, B. (2005). Medir a prevenção do crime através do design ambiental. Journal of Architectural and Planning Research,, 330-341.

Rezavandzayeri, F. (2019). Investigação numérica dos fatores ambientais que afetam a segurança em instalações desportivas com a abordagem CPTED (estudo de caso: estádio Tabriz takhti) (tese de mestrado não publicada). Universidade de Tabriz, Tabriz, Irão.

Rezavandzayeri, F., Khodadadi, M. R., & Talatahari, S. (2024). Prevención del delito mediante el diseño ambiental: Investigación numérica de los factores ambienta-les que impactan la seguridad en las instalaciones deportivas (Prevenção do crime através do desenho ambiental: Investigação numérica dos factores ambientais que afectam a segurança nas instalações desportivas). *Retos*, *54*, 746-753.

Ruirui, Z., Jing, K. T., Hao, L., Xiao, J., & Yee, H. C. (2023). Aplicação da prevenção do crime de terceira geração através do design ambiental em campi universitários. Journal of Advanced Research in Applied Sciences and Engineering Technology, 33(1), 406-423.

Schneider, R. H. (2005). Introduction: Prevenção do crime através da conceção ambiental (CPTED): Themes, theories, practice, and conflict. Journal of Architectural and Planning Research, , 271-283.

Schwarz, E. C., Westerbeek, H., Liu, D., Emery, P., & Turner, P. (2016a). Gestão de instalações desportivas e grandes eventos Taylor & Francis.

Schwarz, E. C., Westerbeek, H., Liu, D., Emery, P., & Turner, P. (2016b). Gestão de instalações desportivas e grandes eventos Taylor & Francis.

Seifi, M., Abdullah, A., Haron, S., & Salman, A. (2019). Criação de locais residenciais seguros: Elementos de design conflituantes de vigilância natural, controlo de acesso e territorialidade. Trabalho apresentado na série de conferências IOP: Ciência e Engenharia de Materiais, 636(1) 012017.

Siedentop, D., & Van der Mars, H. (2022). Introdução à educação física, aptidão física e desporto Cinética humana.

Skogan, W. G. (1992). Disorder and decline: Crime and the spiral of decay in american neighborhoods Univ of California Press.

Spaaij, R., & Schulenkorf, N. (2014). Cultivar um espaço seguro: Lessons for sport-for-development projects and events (Lições para projectos e eventos de desporto para o desenvolvimento). Journal of Sport Management, 28(6), 633-645.

Vaitkevičiūtė, V. (2019). Legibilidade dos espaços urbanos na cidade nova de kaunas: Investigação, estratégia, sugestões. Arquitetura e planeamento urbano, 15(1), 13-21.

Wakefield, K. L., & Sloan, H. J. (1995). The effects of team loyalty and selected stadium factors on spectator attendance. Journal of Sport Management, 9(2), 153-172.

Wankel, L. M., & Berger, B. G. (1990). The psychological and social benefits of sport and physical activity. Journal of Leisure Research, 22(2), 167-182.

Wood, E. (1961). Housing design: A social theory. Ekistics, 12(74), 383-392.

Youssef, H. A. (2022). Otimização de espaços públicos perdidos em cidades urbanas egípcias: As pontes subterrâneas como um estudo de caso. MSA Engineering Journal, 1(3), 6-21.

Printed by Books on Demand GmbH, Norderstedt / Germany